Christopher Clausen

1989

Technik aus deinem Geburtsjahr

Du bist so alt wie der ...

GAME BOY™

FRANZIS

Bildverzeichnis: Cover, 1, 3: v74/Shutterstock.com; 6/7: Olgastocker/Shutterstock.com; 8/9: imago/imagebroker; 10: imago/Bernd Müller; 13: ullstein bild – United Archives; 15: ullstein bild – mirrorpix; 17: ullsteinbild – dpa; 19: robtek/Shutterstock.com; 20: NagyD/https://github.com; 21: The International Arcade Museum®/Killer List of Videogames™; 23: enchanted_fairy/Shutterstock.com; 25: Twin Design/Shutterstock.com; 26: Daimler AG; 27: Roma Black/Shutterstock.com; 28, 29: Fiat Chrysler Automobiles N.V.; 30/31: BEST-BACKGROUNDS/Shutterstock.com; 32: imago/United Archives; 35: Krinner GmbH; 37: Vladislav Gajic/Shutterstock.com; 39: Adam Jan Figel/Shutterstock.com; 41: Kathy Hutchins/Shutterstock.com; 42: Hedzun Vasyl/Shutterstock.com; 43: Nor Gal/Shutterstock.com; 45: imago/Sven Simon; 46/47: Stephen Girimont; 48, 49: imago/ZUMA Press; 51: sarahdesign/Shutterstock.com; 53: Gennady Grechishkin/Shutterstock.com; 54: Kolossos via Wikimedia Commons; 55: ullstein bild – Klaus Mehner; 56/57: Ines Behrens-Kunkel/Shutterstock.com; 58: Anton_Ivanov/Shutterstock.com; 61: Norbert Kaiser via Wikimedia Commons; 62/63: Nordroden/Shutterstock.com; 64: Ugorenkov Aleksandr/Shutterstock.com

Bibliografische Information der Deutschen Nationalbibliothek

Die Deutsche Nationalbibliothek verzeichnet diese Publikation in der Deutschen Nationalbibliografie; detaillierte bibliografische Daten sind im Internet über http://dnb.ddb.de abrufbar.

Autor: Christopher Clausen

Konzept und Produktmanagement: Florian Greßhake

Sprachlektorat: Sibylle Feldmann

Cover: Julie Kechter

Layout & Satz: Nelli Ferderer, *nelli@ferderer.de*

ISBN: 978-3-645-60628-8

Eine Zeitreise in Ihr Geburtsjahr

Jedes Jahr bringt neue technische Erfindungen, Gadgets, Highlights und Flops mit sich. Gerne erinnern wir uns zurück an die technischen Spielzeuge aus unseren Kindheitstagen, aber auch an die bahnbrechenden Entdeckungen und Produkteinführungen, die das Leben für immer veränderten.

1989 war ein ganz besonderes Jahr. Christopher Clausen zeigt Ihnen, welche technischen Errungenschaften Sie nicht vergessen sollten. Sie werden erstaunt sein, welche Dinge 1989 das Licht der Welt erblickten.

Inhaltsverzeichnis

1989 – ein aufregendes Jahrzehnt geht zu Ende …

Aufregender geht es kaum! Nach dem Zweiten Weltkrieg gab es im Verlauf des 20. Jahrhunderts wohl kaum ein Jahr, das so ereignisreich war wie 1989. Im Osten Europas regte sich immer stärkerer Widerstand gegen die politischen und wirtschaftlichen Zustände. Und während sich ab dem Sommer die politischen Ereignisse nur so überschlugen und die Lage immer heißer wurde (das Wetter war im Jahresverlauf eher durchschnittlich), nahm eine wichtige Epoche ihr Ende.

Die 1980er – das war nicht nur die Ära der Neuen Deutschen Welle, also der Rückkehr deutscher moderner Popmusik in die Charts, oder des schlechten Kleidungsstils. Im Laufe von zehn Jahren hatte sich bei den Deutschen ein ziemlich ausgeprägtes Umweltbewusstsein entwickelt. Die zunehmende Umweltverschmutzung durch die Industrie, saurer Regen und das Waldsterben waren nur einige der Themen, die die Menschen beschäftigten. Die Gefahren der Atomkraft waren seit der Reaktorkatastrophe in Tschernobyl 1986 nun auch den Letzten bekannt, und die Partei »Die Grünen« wurde erstmals in den westdeutschen Bundestag gewählt. Mülltrennung, Ozonloch, Katalysatoren – alles Themen, die die Debatten dominierten.

In den Wohnungen und Häuser zog – zumindest in Westdeutschland – die Programmvielfalt in die Fernseher ein. Private Sender wie Sat.1 und RTL waren schon Mitte des Jahrzehnts auf Sendung, 1989 folgte ProSieben. Mit dem steigenden Angebot verbrachten die Menschen immer mehr Zeit vor der Glotze – es gab ja immer was zu sehen. Auch für die Kinder fand sich per Knopfdruck zunehmend Programm, was das Fernsehen bereits nachmittags zu den Hausaufgabenzeiten immer normaler machte. Und wer mal eine Sendung verpasste – kein Problem: Ein Viertel aller Haushalte in Westdeutschland hatte einen Videorekorder. Und auch Fertigessen wurde zunehmend populärer: Tiefkühlpizzen, Nudel-Fertigpakete und ganze Mahlzeiten aus der Mikrowelle kamen immer öfter und selbstverständlicher auf den Tisch. Verständlich, denn das typische Familienbild weichte immer weiter auf, und schon die Hälfte der west- und fast 80 Prozent der ostdeutschen Frauen hatten einen Beruf.

In beiden Teilen Deutschlands und im Rest der Welt deutete sich in den 1980ern und insbesondere 1989 an: Die Technik wurde immer schneller, besser und auch für Privathaushalte erschwinglich. Angefangen bei Kinderspielzeugen und dem ersten Game Boy über Fernseher mit Videotext bis hin zum eigenen Computer im Haushalt – viele entscheidende Entwicklungen wurden in diesem Jahr vorgestellt. Und auch das Internet, wie wir es heute kennen, ist eine Erfindung aus dem Jahr 1989.

Überraschung – die Mauer ist offen!

»Das trifft nach meiner Kenntnis – ist das sofort, unverzüglich ...« Der Mauerfall kam ziemlich unerwartet: SED-Politbüromitglied Günter Schabowski öffnete mit seiner Äußerung am 9. November 1989 bei einer Fernseh-Liveübertragung zum neuen DDR-Reisegesetz die innerdeutschen Grenzen. Der Weg für die deutsche Wiedervereinigung war frei – obwohl es sich eigentlich um ein Versehen gehandelt hatte: Schabowski hatte übersehen, dass es in seinem Redeskript eine Sperrfrist für die kommende Nacht gab. Doch die Dinge nahmen ihren Lauf. Westdeutsche Medien meldeten, die Grenzen wären offen, Zehntausen-

de Menschen forderten an den Übergängen das ein, was ihnen wenige Stunden zuvor versprochen worden war. Um 23:30 öffnete der Übergang Bornholmer Straße in Berlin seine Tore, die Menschen strömten von Ost nach West.

Der Mauerfall war sicherlich DAS politische Ereignis des Jahres. Noch im Januar hatte DDR-Regierungschef Erich Honecker betont: »Die Mauer ... wird in 50 und auch in 100 Jahren noch bestehen bleiben.« Doch um die Republik herum veränderte sich die Lage dramatisch: Krise in der Sowjetunion, insbesondere Polen und Ungarn waren davon betroffen. Mit der Anerkennung der ersten freien Gewerkschaft **Solidarność** Anfang 1989 in Polen begann der Zerfall des sozialistischen Systems. Die ungarische Regierung öffnete in der Nacht zum 11. September 1989 für DDR-Bürger die Grenze zu Österreich. Zehntausende reisten in den nächsten Tagen und Wochen über Österreich in die Bundesrepublik aus. Und auch in der DDR wuchs der Widerstand: Die Montagsdemonstrationen brachten das System ins Wanken und schließlich zu Fall.

In China beendete das dortige Regime am 4. Juni mit einem blutigen Massaker auf dem Platz am Tor des Himmlischen Friedens in Peking die Proteste gegen die herrschenden Zustände, die sowjetischen Truppen zogen sich aus Afghanistan zurück, George Bush wurde US-Präsident und Richard von Weizsäcker erneut Bundespräsident der BRD – das Ende des Kalten Kriegs und des sogenannten Eisernen Vorhangs überstrahlte aber alles andere.

Das musikalische Jahr 1989: Soundtrack für den Mauerfall

Zum Ende des Jahrzehnts hatte die Neue Deutsche Welle ausgespielt. Englischsprachige Titel beherrschten die Charts – zwischen den neun Nummer-eins-Hits und den elf erstplatzierten Alben fand sich kaum etwas Deutschsprachiges. Den Sound für die deutsche Wiedervereinigung lieferte David Hasselhoff: Zur Silvesterparty 1989/1990 sang er am Brandenburger Tor in Berlin seinen Song »Looking for Freedom«. Der Song passte thematisch perfekt zur politischen Lage und brannte sich in die Erinnerung der Deutschen ein.

1989

DIE MEISTVERKAUFTEN SINGLES 1989	
1	David Hasselhoff – Looking For Freedom
2	Mysterious Art – Das Omen (Teil 1)
3	Robin Beck – First Time
4	Roxette – The Look
5	Kaoma – Lambada
6	Madonna – Like A Prayer
7	Jive Bunny & The Mastermixers – Swing Fhe Mood
8	Fine Young Cannibals – She Drives Me Crazy
9	Soulsister – The Way To Your Heart
10	Bobby McFerrin – Don’t Worry, Be Happy

DIE ALBUM-TOP-TEN	
1	Tanita Tikaram – Ancient Heart
2	Simply Red – A New Flame
3	Tracy Chapman – Tracy Chapman
4	Simple Minds – Street Fighting Years
5	Madonna – Like A Prayer
6	Die neue KuschelRock
7	Fine Young Cannibals – The Raw & The Cooked
8	Chris De Burgh – Flying Colours
9	Queen – The Miracle
10	Original Naabtal Duo – Patrona Bavariae

Helden, Betrüger und Außerfriesische

Das Filmjahr 1989 hatte eine bunte Mischung zu bieten – und einige seiner wichtigsten Macher und Schauspieler sind noch 30 Jahre später ganz groß im Geschäft.

Tom Cruise spielte im Oscar-prämierten »Rain Man« (ab März in den deutschen Kinos) den oberflächlichen Egoisten Charlie Babitt, der nach dem Tod seines Vaters von einem autistischen Bruder erfährt, der das gesamte Vermögen von drei Millionen Dollar erben soll. Babitt spekuliert darauf, über eine Vormundschaft an das Geld zu gelangen – und kommt mit der Zeit seinem Bruder immer näher.

Steven Spielberg war gleich dreimal in den Top Ten der erfolgreichsten Filme des Jahres vertreten – er führte nicht nur beim dritten Teil der erfolgreichen »Indiana Jones«-Reihe Regie, sondern produzierte auch gleich noch den Zeichentrickfilm »In einem Land vor unserer Zeit« sowie »Zurück in die Zukunft II«. Die Deutschen mischten in den heimischen Kinocharts ebenfalls erfolgreich mit: Der ostfriesische Komiker Otto Waalkes lockte mit »Otto – der Außerfriesische« schon in der ersten Kinowoche über eine Million Menschen in die Säle. Insgesamt stieg die Zahl sogar auf fast 3,6 Millionen! Der neueste Film der »Asterix«-Reihe entstand in französisch-deutscher Zusammenarbeit und ließ den deutschen Marktanteil in diesem Jahr bei rund 14 Prozent liegen. Große Enttäuschungen: Batman, einer der erfolgreichsten Filme aller Zeiten in den USA, schaffte es hierzulande nur auf Platz 16, und der neueste James-Bond-Teil knackte zum ersten Mal in der Geschichte der Reihe nicht die Marke von drei Millionen Besuchern.

DIE KINOCHARTS 1989
Rain Man
Ein Fisch namens Wanda
Zurück in die Zukunft II
Indiana Jones und der letzte Kreuzzug
Otto – Der Außerfriesische
Asterix – Operation Hinkelstein
Die nackte Kanone
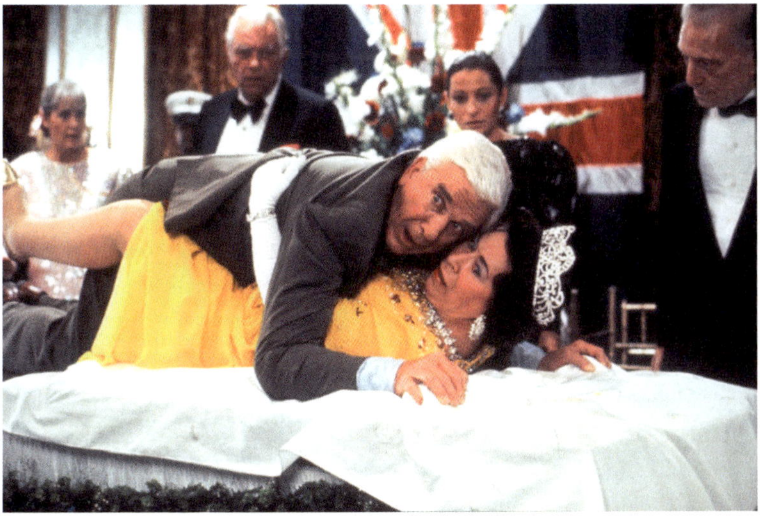
In einem Land vor unserer Zeit
Harry und Sally
007 – Lizenz zum Töten

Timeline

20. Januar
George H. W. Bush wird 41. US-Präsident.

5. Februar
Grenzsoldaten erschießen den 20-jährigen Chris Gueffroy bei dem Versuch, über die Berliner Mauer nach Westberlin zu fliehen. Er ist der letzte Mensch, der an der Mauer erschossen wird.

17. Februar
Algerien, Libyen, Marokko, Mauretanien und Tunesien gründen die Union des Arabischen Maghreb. Ziel: eine Wirtschaftsunion und eine einheitliche Politik für die Belange Nordafrikas.

9. März
Beginn der Abrüstungsverhandlungen in Europa.

13. März
Ein Gebirgsschlag bei Sprengungen im DDR-Kalirevier Merkers führt zu schweren Bauschäden in der Gemeinde Völkershausen.

7. April
Beginn des planmäßigen Startbetriebs von MMR06-M-Raketen auf der Halbinsel Zingst zur Erforschung der Hochatmosphäre. Bis April 1992 werden dort insgesamt 62 Raketen gestartet.

9. April
Massaker vor dem Parlamentsgebäude in Tiflis, Georgische Sowjetrepublik. Demonstranten hatten gegen das Regime und für staatliche Unabhängigkeit demonstriert. Sowjetische Fallschirmjäger gehen mit scharf geschliffenen Spaten und Giftgas gegen sie vor. 20 Menschen sterben.

2. Mai
Ungarn beginnt den Abbau seiner Grenzsperren nach Österreich. Der Eiserne Vorhang und die Berliner Mauer bekommen ernsthafte Risse.

6. Mai
Die Band Riva gewinnt am 6. Mai mit dem Lied »Rock me« für Jugoslawien den 34. Grand Prix Eurovision de la Chanson (heute: Eurovision Song Contest) in Lausanne.

7. Mai
Kommunalwahlen in der DDR. Die Opposition beklagt zahlreiche Wahlmanipulationen.

9. Mai
Slobodan Milošević wird Staatspräsident von Serbien.

23. Mai
Richard von Weizsäcker wird zum zweiten Mal zum Bundespräsidenten gewählt.

4. Juni
Massaker auf dem »Platz des Himmlischen Friedens« in Peking (China).

4. Juni
Erste demokratische Parlamentswahlen in Polen, Tadeusz Mazowiecki (Solidarność) wird erster nicht kommunistischer Ministerpräsident.

5. Juni
Der Kommunikationssatellit DFS-Kopernikus 1 der Deutschen Bundespost wird in die Erdumlaufbahn geschossen. Er wird zur Übertragung von Fernsehprogrammen und Telefongesprächen genutzt.

18. Juni
Bei der Europawahl in Deutschland ziehen die rechtsradikalen Republikaner mit 7,1 Prozent der Stimmen und sechs Abgeordneten in das Europaparlament ein.

1. Juli
Erste Loveparade in Berlin.

9. Juli
Steffi Graf und Boris Becker gewinnen innerhalb weniger Stunden die Einzelwettbewerbe des Wimbledon-Tennisturniers.

19. August
»Paneuropäisches Picknick« an der ungarischen Grenze zu Österreich. 700 DDR-Bürger fliehen, als kurzzeitig ein Grenztor geöffnet wird.

23. August
Eine Million Menschen bilden über 600 Kilometer von Reval über Riga nach Vilnius eine Kette, um für die Unabhängigkeit der baltischen Staaten zu demonstrieren.

4. September
Erste Montagsdemonstration in Leipzig.

11. September
Ungarn öffnet seine Grenze zu Österreich, Deutsche aus der DDR gelangen hier in den Westen.

30. September
Hans-Dietrich Genscher verkündet vom Balkon der Prager Botschaft die Ausreisegenehmigung für alle DDR-Flüchtlinge, die in die Botschaft geflüchtet sind.

7. Oktober
Feierlichkeiten zum 40. Jahrestag der DDR, am Rande gibt es Ausschreitungen und Demonstrationen gegen das SED-Regime.

9. Oktober
Legendäre Montagsdemonstration in Leipzig mit 70.000 Teilnehmern. Die »Wende« in der DDR nimmt Fahrt auf.

17. Oktober
Loma-Prieta-Erdbeben mit der Stärke 7,1 in der Bucht von San Francisco. 62 Menschen sterben, es entstehen Sachschäden in Höhe von sechs Milliarden Dollar.

18. Oktober
Erich Honecker tritt als Vorsitzender des Staatsrats der DDR und Generalsekretär der SED zurück. Nachfolger: Egon Krenz.

22. Oktober
Alain Prost wird nach einer Kollision mit seinem Teamkollegen Ayrton Senna in Suzuka zum dritten Mal Formel-1-Weltmeister.

23. Oktober
Ausrufung der Republik Ungarn.

25. Oktober
Sinatra-Doktrin (benannt nach dem Sinatra-Song »My Way«) der UdSSR: Die kommunistischen Bruderstaaten dürfen über ihren politischen Weg selbst und unabhängig von Moskau entscheiden.

3. November
Die DDR gestattet ihren dortigen Bürgern die direkte Ausreise aus der ČSSR in die Bundesrepublik Deutschland.

9. November
Fall der Berliner Mauer und Öffnung der innerdeutschen Grenze.

10. November
Sturz des bulgarischen Staats- und Parteichefs Todor Schiwkow.

20. November
Die Vereinten Nationen verabschieden die Kinderrechtskonvention.

27. November
Bundeskanzler Helmut Kohl verkündet im Bundestag ein Zehn-Punkte-Programm. Das Ziel: die Wiedervereinigung Deutschlands in höchstens zehn Jahren.

3. Dezember
Generalsekretär Egon Krenz, Politbüro und ZK der SED treten zurück.

7. Dezember
Der tschechoslowakische Ministerpräsident Ladislav Adamec tritt zurück.

14. Dezember
In Chile endet mit der Wahl von Patricio Aylwin zum Präsidenten die Diktatur Pinochets.

22. Dezember
Das Brandenburger Tor in Berlin wird wieder geöffnet – 28 Jahre nach dem Bau der Mauer.

25. Dezember
Der rumänische Staatspräsident Nicolae Ceauşescu und seine Frau werden nach einem dreitägigen erfolgreichen Aufstand gegen seine Diktatur hingerichtet.

29. Dezember
Václav Havel wird zum Präsidenten der Tschechoslowakei gewählt.

30. Dezember
Arved Fuchs und Reinhold Messner erreichen auf ihrer Antarktisdurchquerung zu Fuß und auf Skiern den geografischen Südpol.

Der Game Boy: Ein Klotz lässt Kinderherzen höher schlagen

Ein 220 Gramm leichter, unauffälliger, grauer Kasten veränderte Leben: 1989 waren Spielkonsolen in Deutschland schon verbreitet. Super Mario und der Igel Sonic flimmerten via Nintendo Entertainment System (NES) oder Sega Master auf den Fernsehern – wenn es denn mal möglich war: In den Haushalten gab es schließlich meist nur ein TV-Gerät – und entweder kamen gerade die Nachrichten im Fernsehen, oder die Eltern fanden, dass die Hausaufgaben wichtiger wären.

Am 21. April 1989 trat Nintendo auf den Plan und brachte die Spiele direkt in die Kinderzimmer. Der Game Boy war zwar nicht die erste tragbare Konsole der Welt, doch bei ihm konnte man die Spiele dank kleiner Module erstmals austauschen – wie bei den großen Geräten! Ein Acht-Bit-Prozessor, ein unbeleuchteter und spiegelnder kleiner Bildschirm mit vier Grautönen und wenige Knöpfe reichten aus, um zum deutschen Marktstart im September 1990 eine wahre Daddel-Manie auszulösen. Endlich konnte man auch noch abends (mit Taschenlampe) unter der Bettdecke spielen, während die Eltern den Fernseher blockierten. Und dank seines Designs ließ sich der Game Boy auch locker im Schulranzen verstauen und in die Schule schmuggeln.

Anfangs gab es die Konsole für die Tasche nur im Set zusammen mit dem Klötzchenspiel Tetris für rund 150 D-Mark. Das machte das Spiel mit den fallenden Steinen zu einem der meistverkauften und seine Melodien zum ständigen Ohrwurm.

Wer wollte, konnte bei einigen Spielen sogar im Zwei-Spieler-Modus gegeneinander antreten. Ein viel zu kurzes Kabel verband die Geräte, und die Schlacht um die Punkte begann. Tragisch nur, wenn der rote Punkt der Batterieanzeige plötzlich dunkler wurde, die Pixel sich verabschiedeten und der gesamte Spielstand plötzlich weg war.

Mit den Jahren lieferte Nintendo immer mehr unterschiedliche Versionen nach, unter anderem eine bunte Special Version (1995) sowie den verkleinerten Pocket (1996), und 1998 kam der Color mit Farbbildschirm auf den Markt. 1999 erfuhr der Game Boy in Europa noch einmal einen riesigen Aufschwung: Die Pokémon-Welle rollte! Erst 2001, nach mehr als 118 Millionen verkauften Exemplaren, verabschiedete sich der kleine Gigant aus den Läden. Sein Nachfolger, der DS, wurde mit 154 Millionen Verkäufen sogar noch erfolgreicher.

Prinzessinnen-Premiere und Katastrophenalarm in den Städten

Die Premiere des Game Boy brachte auch einen neuen Charakter in das Universum des Kult-Klempners Mario: In »Super Mario Land«, extra entwickelt für die tragbare Konsole, flitzt der Held des Spiels durch die Landschaft Sarasaland und muss Prinzessin Daisy retten, die vom tyrannischen Monster Tatanga entführt wurde – in vorherigen Teilen war es die blonde Prinzessin Peach. Seitdem ist Daisy mit ihrem rotbraunen Haar in über 50 Spielen aufgetaucht, manchmal zusammen mit Prinzessin Peach.

1989 wurde der Grundstein für eine Erfolgsspielereihe gelegt: Das amerikanische Studio Brøderbund veröffentlichte mit dem Actionspiel »Prince of Persia« einen wahren Klassiker. Besonders die Bewegungen der Spielfigur waren für ihre Zeit außergewöhnlich realistisch geraten, weil Entwickler Jordan Mechner Videoaufzeichnungen von echten Kämpfern ganz genau studiert und umgesetzt hatte. Nachdem das Action Game zunächst auf dem Apple II erschienen war und später auch für andere Systeme zur Verfügung stand, entwickelte es sich zu einem großen Hit. Nach den drei Originalteilen des Spiels entstanden weitere Fortsetzungen und Abwandlungen sowie Comics und ein Kinofilm.

Und auch eines der einflussreichsten Spiele der Geschichte kam 1989 auf den Markt: Sim City von Will Wright. In der Aufbausimulation wird aus dem Spieler der Bürgermeister einer Stadt, die er selbst aufbaut und lenkt. Vom Kraftwerk für ausreichend Strom über das entsprechende Straßennetz bis zur Lage des Wohngebiets – hier hat man alles unter Kontrolle. Und wer sich in Krisensituationen bewähren will: Einstellbare Naturkatastrophen wie Feuer, Erdbeben oder auch Monsterattacken sorgen dafür, dass das Spiel nicht langweilig wird.

Für diejenigen, die noch keinen Computer zu Hause, sondern eine Spielhalle mit Automaten in der Nähe hatten, entwickelte Atari das Rennspiel »Hard Drivin'«. Es war das zweite Rennspiel, das über eine Polygongrafik verfügte, also dank räumlich wirkender Flächen deutlich realistischer war als die pixelige Konkurrenz. Der Spieler saß im nachgebildeten Cockpit eines Sportwagens, das Lenkrad ruckelte bei Zusammenstößen, ein Kupplungspedal machte manuelles Schalten möglich, und – das ist besonders – eine »Instant replay«-Funktion zeigte nach einem Crash sofort eine Zusammenfassung des Geschehens aus der Außenperspektive.

Technik im Kinderzimmer

Nicht nur vor den Haushalten insgesamt, sondern auch vor den Kinderzimmern machte die rasende technische Entwicklung nicht halt. Wo früher Bauklötze, Holzspielzeug oder Puppen die Schränke und Regale (und im Regelfall sogar den Fußboden) blockiert hatten, stapelten sich auch immer mehr batteriebetriebene Gadgets: ferngesteuerte Autos, sprechende und selbstfahrende Roboter, Miniaturhaushaltsgeräte mit Funktion (beispielsweise Waschmaschinen, in die man Wasser füllen konnte) oder Actionfiguren, die auf Knopfdruck Geräusche machten. Lego und Playmobil lieferten sich weiterhin ein Rennen um die Gunst von Eltern und Kindern, Hörspielkassetten spielten den Soundtrack der Kindheit: Benjamin Blümchen, Fünf Freunde, Die drei Fragezeichen, TKKG, der Li-La-Launebär oder die »Kinder Hitparade«, in der die Hit Kids von RTL auf Deutsch umgetextete Charthits sangen.

Draußen strampelten die Kinder auf Kettcars oder Tret-Treckern herum, oder sie versuchten, das Gleichgewicht auf sogenannten Pedalos zu halten, und Spielzeugpistolen knallten dank kleiner Zündplättchen aus rotem Kunststoff durch die Straßen.

Zwei wirklich maßgebliche Erfindungen aus dem Jahr 1989 kamen allerdings ohne Strom aus – machten aber dennoch extrem viel Spaß und wurden zu Verkaufshits.

Die Welt in einer Puderdose: Polly Pocket

1989 brachte ein britisches Unternehmen kleine Schatullen auf den Spielzeugmarkt. In jedem Exemplar befand sich eine kleine Themenwelt mit Möbeln und Accessoires, angefangen bei einer Wohnung bis hin zu Schule, Boutique oder Zoohandel – Polly Pocket! Die Idee war einige Jahre zuvor entstanden, als der britische Designer Chris Wiggs an einem Spielzeug für seine Tochter bastelte. Eine alte Puderdose und eine Minifigur reichten aus, um eine ganze Welt im Miniaturformat abzubilden.

In der Kaufversion gab es zu jeder Dose zwei Figuren: die Hauptdarstellerin mit rotem Band in den Haaren und einem Gelenk in der Mitte, damit sie sich hinsetzen konnte, und dazu je nach Set eine weitere Figur oder ein Haustier.

Besonders Mädchen mochten das Spielprinzip mit den kleinen pastellfarbenen Dosen, die sich einfach zusammenklappen ließen. Doch die einen Zentimeter kleinen Puppen waren so winzig, dass sie ständig verschwanden: Autofahrten wurden zu Dramen, wenn Polly Pocket oder ihr Hund unter den Sitz kullerte oder der (echte) Hund eine Figur verschluckte – nicht verwunderlich, dass heute viele Sets bei Auktionen ohne Figuren angeboten werden. 1999 kaufte Mattel die Marke, das Jahr 2002 bedeutete das Ende für die Dosen: Polly Pocket bekam ein neues Image, und aus dem Püppchen aus dem Puderdöschen wurde eine rund acht Zentimeter große Weichplastikpuppe zum Anziehen.

Wasser marsch! Die Super Soaker schießt sich den Weg frei

Ein typischer sommerlicher Kindergeburtstag Mitte der 1990er-Jahre: bunte Plastikbecher auf den Tischen, farbenfrohe Girlanden, eine lachende und schreiende Horde und im besten Fall noch ein kleines Schwimmbecken irgendwo im Garten – für die Wasserschlacht. Und irgendwer hatte immer eine Super Soaker dabei. 1989 war das Jahr, in dem sie auf den Weg gebracht wurde.

Herkömmliche Wasserpistolen hatte es schon Anfang des 20. Jahrhunderts gegeben, sie funktionierten immer gleich: Durch Drücken des Abzugs wurde das Wasser direkt aus dem kleinen Wassertank in die Mündung gepumpt. Aber die geringe Reichweite, der kurze Wasserstoß und der kleine Tank ließen Wasserschlachten auch immer zum Kampf darum ausarten, wer am schnellsten wieder nachfüllen konnte.

Hier trat der Nuklear-Ingenieur Lonnie Johnson auf den Plan. Neben seinem Job bei der US Air Force, wo er Anfang der 1980er-Jahre am Antrieb für die Jupitersonde Galileo forschte, arbeitete er an einer Wärmepumpe, die mit Wasserdruck funktionieren sollte. Eines Abends rutschte ihm ein Schlauch ab, und das Wasser spritzte mit hohem Druck durch sein Badezimmer. Johnson dachte sich: Das könnte eine gute Wasserpistole abgeben! Er baute erste Prototypen. Durch Pumpen erhöhte man den Luftdruck im Tank. Sobald man dann den Abzug betätigte, schoss das Wasser mehrere Meter weit durch die Gegend. Doch weil Johnson sein Projekt nebenberuflich betrieb, kam er nicht so recht voran.

Im März 1989 gelang Johnson nach einigen Rückschlägen der Durchbruch: Bei einem Treffen mit dem Chef des Spielzeugherstellers Larami ließ er einen Prototyp mehrere Meter weit durchs Büro schießen – was diesen zu einem begeisterten »Wow« veranlasste. Die Super Soaker war geboren und startete 1990 zunächst unter dem kurzlebigen und erfolglosen Namen »Power Drencher«. Wichtigstes Markenzeichen: der abnehmbare Tank, der sich schnell wieder auffüllen ließ. Zu Preisen ab 18 D-Mark wurde die Pistole schnell zum Verkaufsrenner, auch wenn Verbraucherschützer in Deutschland vor Wasserverschwendung warnten und einige Rowdys den Wassertank mit Urin und anderen Flüssigkeiten befüllten, um Passanten auf der Straße damit zu beschießen. Immer mehr Varianten drängten auf den Markt – und sommerliche Kindergeburtstage waren deutlich nasser als zuvor.

Das Autojahr 1989: Kampf dem Wind!

Cabrio fahren – das ist der Duft der Freiheit, wenn über einem der Wind weht und die Sonne auf den Kopf scheint. Bis 1989 war es aber auch eine zugige Angelegenheit: Immer wieder verwirbelte die Luft hinter Fahrer und Beifahrer und sorgte für steife Hälse, wenn man nicht mit einem Schal oder Tuch vorgesorgt hatte. Auf dem Genfer Autosalon schaffte Mercedes mit einer Neuvorstellung Abhilfe: Der Konzern präsentierte das Windschott, einen Rahmen mit Gitter, der hinter Fahrer und Beifahrer am Überrollbügel befestigt wird. Einfacher Trick, überzeugendes Ergebnis: Windgeräusche und Verwirbelungen im Nacken verringerte das Windschott deutlich. Mitentwickelt wurde es übrigens vom »Vater des Airbags«, Guntram Huber, der für das Unternehmen in den 1980ern viele neue Sicherheitssysteme entwickelt hatte. Als Erstes wurde der Mercedes-Roadster SL der Baureihe R129 mit dem Windschutz ausgestattet.

Die Erfindung hatte eine weitere spätere Legende, die auf der Internationalen Automobil Ausstellung (IAA) in Frankfurt zu sehen war, jedoch noch nicht erreicht: den Mazda MX-5 – einen neuen Roadster nach klassischer Bauart mit einem geringen Gewicht von knapp 1.000 Kilogramm, Heckantrieb, zunächst 115 PS starkem Motor und zu einem bezahlbaren Preis.

Weitere Neuheiten aus dem Autojahr 1989:

- BMW 8er – Ein Luxuscoupé mit Klappscheinwerfern und bei einem Preis ab 135.000 D-Mark bis zu seiner Einstellung 1999 das teuerste Modell in der BMW-Palette – wenn auch mit insgesamt nur knapp 36.500 verkauften Exemplaren kein Verkaufsrenner. Zum Marktstart war ausschließlich eine Motorisierung erhältlich: der 850i mit Zwölfzylindermotor und 300 PS.

- Porsche Carrera 2 – Die Fortsetzung der legendären 911er-Reihe war als Coupé, Targa und Cabrio zu haben.
- Lotus Omega – Der britische Sportwagenhersteller Lotus hatte sich den eher spießigen Opel Omega vorgeknöpft. Heraus kam die zu ihrer Zeit stärkste Serienlimousine mit 3,6 Liter großem Biturbo und 377 PS.
- Opel Calibra – Das Sportcoupé übernahm indirekt die Nachfolge des legendären Manta.
- Citroën XM: Die Franzosen zeigten, was in den späten 1980er-Jahren Avantgarde bedeutete: Ecken und Kanten statt fließender Formen – aber immer noch eigenwillig französisch.
- Honda NSX – Der Supersportler war 274 PS stark, hatte eine Haut aus Aluminium und ab 1995 sogar ein elektronisches Gaspedal.

Ebenfalls neu waren: die vierte Generation des Honda Accord, der fünfte Toyota Celica und der vierte Mazda 323.

Das Auto des Jahres 1989

Eine Fachjury aus Motorjournalisten hatte für den Titel »Auto des Jahres 1989« einen klaren Favoriten: Der Fiat Tipo setzte sich gegen seine Gegner Opel Vectra und VW Passat durch. Das Juryurteil: hoher Praxisnutzen, cleveres Raumdesign mit bis zu 1.100 Liter großem Kofferraum, günstiger Preis.

Auf den ersten Blick wirkte der Kompakte eher bieder, es gab in ihm aber einige spannende Neuerungen: eine Heckklappe aus glasfaserverstärktem Kunststoff beispielsweise oder die Strategie der Bodengruppen: Bei einigen Schwestermodellen wie etwa dem Tempra oder dem Alfa Romeo 145 steckte die gleiche Basis unter der Karosserie.

Doch die Langzeitqualität enttäuschte: Gut gemeint, aber schlecht gemacht war die automatische Niveauregulierung der Scheinwerfer, deren Hydrauliksystem ständig undicht war. Bei frühen Modellen gab es Probleme mit Rost, und 1993 musste das Unternehmen mit einem Facelift deutlich bei der Karosseriesteifigkeit nachbessern: Bei Crashtests des Ursprungsmodells war die Karosserie fast vollständig zusammengebrochen. Selbst danach war die Fahrgastzelle immer noch zu weich und bot bei einem Aufprall kaum Schutz. 1995 kamen Bravo und Brava als Nachfolger heraus, im Ausland rollte der Tipo sogar noch bis 1999 vom Band.

WWW – drei Buchstaben zum Erfolg

Es begann mit einem Aufsatz von 20 Seiten: Der junge Physiker Tim Berners-Lee verzweifelte am schlechten Informationsaustausch bei seinem Arbeitgeber, dem Kernforschungszentrum CERN. Der französische und der schweizerische Teil des CERN nutzten nämlich unterschiedliche Strukturen in ihren Netzwerken, ein direkter Zugriff von einem aufs andere war schwierig bis unmöglich.

Daraufhin veröffentlichte Berners-Lee am 12. März 1989 seine Vision von einem leichteren Austausch und brachte damit die Revolution des Internets in Gang. Das gab es in seinen Grundstrukturen schon seit 1969, doch nutzten fast ausschließlich Behörden die Möglichkeiten – und blieben dabei gern unter sich.

Der neue Ansatz, der von einigen Wissenschaftlern sogar mit der Erfindung des Buchdrucks durch Gutenberg verglichen wird, hieß WWW, World Wide Web. Die Grundlage bildete der Hypertext: In einer wissenschaftlichen Arbeit beispielsweise, so fand Berners-Lee, sollten zitierte Quellen direkt mit einem Knopfdruck oder Mausklick auf die entsprechende Stelle aufrufbar sein. Um das zu schaffen, mussten verschiedene Texte durch sogenannte Hyperlinks miteinander verbunden werden. Und ein einheitliches Übertragungsprotokoll sollte dazu den Datenaustausch vereinfachen.

Am CERN machte sich daraufhin ein Team an die Entwicklung der Infrastruktur: Zur Erstellung von Dokumenten entwickelte man die Seitenbeschreibungssprache HTML, ein Browser machte die Dokumente lesbar, und das Transferprotokoll HTTP übernahm die Kommunikation zwischen Browser und Server. Auch die ziemlich umständliche Form unserer heutigen URLs (http://www...) legte das Team fest: Für Berners-Lee war es nämlich damals noch völlig undenkbar, dass sein System über den wissenschaftlichen Einsatz hinauskommen würde. Er entschuldigte sich im Nachhinein sogar für den doppelten Schrägstrich nach dem http://, den Browser heutzutage glücklicherweise meist automatisch einfügen.

Vier Jahre später, am 30. April 1993, gab CERN die Technik für die öffentliche Nutzung frei, und schon bald darauf entdeckten kommerzielle Unternehmen die Möglichkeiten des WWW – der Rest ist Geschichte: Das WWW bedeutete den Durchbruch der vernetzten Welt.

Das gibt's seit 1989

1 Seit dem 1. Januar durften neue Autos nur noch zugelassen werden, wenn sie einen Katalysator hatten. Schädliche Abgase sollten so verhindert werden.

2 Am 17. Dezember lief die erste eigenständige Folge der »Simpsons« im US-Fernsehen. Die Pilotfolge hieß »Es weihnachtet schwer«. Seit 1987 waren die »Simpsons« als Kurzfilme in der Tracey Ullman Show gelaufen. 1991 kam die gelbe Cartoon-Familie auch nach Deutschland – zunächst ins ZDF.

Erstmals durften Läden am »langen Donnerstag« bis 20:30 Uhr geöffnet haben. Vorher galt für alle Wochentage eine maximale Öffnungszeit bis 18:30 Uhr, an Samstagen bis 14 Uhr. 3

4 ProSieben (damals Pro7) nahm seinen Sendebetrieb auf – zunächst mit täglich neun Stunden Programm.

5 Nicht mehr ganz so frisch, aber überraschend: Am Fuße der Cheops-Pyramide wurde die etwa 4.400 Jahre alte Mumie einer aristokratischen Frau gefunden – einer der ältesten Funde. Forscher erstaunte dies, die Gegend war schon seit langer Zeit gründlich erforscht worden.

6 Wissen über den Asteroiden Polites: Die US-Astronomin Carolyn Jean Spellmann Shoemaker entdeckte den Kleinkörper, der auf der Umlaufbahn des Jupiter um die Sonne fliegt.

7 Sky News, ein reines TV-Nachrichtenprogramm, war über den Satelliten Astra 1A erstmals in Europa zu empfangen.

8 Ende August gab es die erste digitale Radioausstrahlung über das Digitale Satelliten-Radio (DSR). 16 Radiosender ließen sich mithilfe eines teuren Empfangsgeräts in besserer Qualität hören. 1999 wurde DSR abgeschaltet worden.

9 Herbert Walther vom Institut für Quantenoptik in Garching benutzte Laserstrahlen zur Abkühlung von isolierten Ionen. Im Übergang von der Ionenwolke zum Ionenkristall konnte man ein extrem genaues Zeitnormal konstruieren: Atomuhren wurden so noch genauer. Die Ionenuhr hat eine Abweichung von einer Sekunde in 30 Milliarden Jahren.

Ergreifend einfach

Weihnachten 1988: Klaus Krinner hantierte unterm Baum am Christbaumständer herum und war der Verzweiflung nahe: Baum festhalten, unten an die Fassung greifen und die Stellschrauben so drehen, dass die Tanne irgendwie gerade steht. Bislang hatte das seine Frau gemacht, Krinner verfluchte die umständliche Technik. So wie ihm erging es vielen, nicht nur in Deutschland: Das Aufstellen des Weihnachtsbaums bedeutete regelmäßig einmal im Jahr einen großen Nerv-Faktor. Doch es musste doch irgendwie anders gehen!

Krinner grübelte einige Monate und hatte im September 1989 schließlich die zündende Idee, die er sofort aufzeichnete und die in den kommenden Jahren vielen das Weihnachtsfest erleichtern würde: ein Ständer mit vier Greifern, die durch ein Drahtseil verbunden sind, das wiederum mit einer Ratsche oder einem Fußpedal festgezogen wird. Man braucht eigentlich nur den Baum gerade zu halten und fest zu ziehen – die Greifer passen sich dem Stamm an.

Der niederbayrische Landwirt ließ einen seiner Arbeiter einen ersten Prototyp bauen und fuhr noch am selben Tag zum Patentanwalt – seine Idee fest in ein Tuch eingewickelt, damit niemand sie sah. Damit hatte er eine riesige Marktlücke entdeckt: Noch im selben Jahr ließ Krinner die ersten 100 Serienexemplare in Polen fertigen und schloss einen Vertrag mit der Handelskette Metro ab. 27.000 Stück gingen über den Ladentisch, ein Jahr später waren es 63.000. Inzwischen verkauft Krinner jährlich Hunderttausende seiner Christbaumständer,

2013 waren es 800.000. Die Spanne reicht vom einfachen grünen Modell bis hin zum Exemplar mit Swarovski-Steinen für 10.000 Euro – der teuerste Christbaumständer der Welt.

Krinner hatte ein erfolgreiches Imperium geschaffen. Und damit nicht genug: In den vergangenen Jahren meldete er weitere Patente an, darunter Christbaumkerzen ohne Kabel, die man einfach an den Baum steckt und per Fernbedienung anschaltet. So ist nach dem Aufstellen auch das Schmücken noch etwas entspannter geworden.

Der Louvre bekommt eine Pyramide

Paris: Das ist der Eiffelturm, die Seine, die Stadt der Liebenden, und Paris ist der Louvre – eines der größten Museen der Welt, Ausstellungsort von Da Vincis legendärer Mona Lisa und ungefähr 35.000 weiteren Werken – ganz zu schweigen von ungefähr 345.000 Exponaten, die sich darüber hinaus in der Sammlung befinden. Ein Museum der Superlative!

Doch noch bis Anfang der 1980er-Jahre wurde ein Teil des ehemaligen Schlosses von französischen Finanzbeamten genutzt. 1981 veranlasste Staatspräsident François Mitterrand eine Neuordnung: Ministerium raus, mehr Platz für die Kunst! 22.000 zusätzliche Quadratmeter fielen dem Museum im Rahmen des Projekts »Grand Louvre« zu. Der chinesisch-amerikanische Architekt Ioeh Ming Pei erhielt den Auftrag, das Projekt zu betreuen. Da es kaum möglich gewesen wäre, wichtige Funktionsräume unterzubringen, ohne die historischen Gebäude zu schädigen, gab es nur eine Lösung: ab unter die Erde. Dort entstand eine gigantische Passage, von der aus alle Gebäudeflügel zugänglich sind, und im Innenhof eine 35 Meter breite und knapp 22 Meter hohe Glaspyramide, die als Haupteingang dient.

Bei ihrer Eröffnung am 29. März 1989 spotteten Medien und Bevölkerung noch: Eine »Käseglocke« oder ein »Gewächshaus« sei das – was im Sommer angesichts der Temperaturen unter der Pyramide wohl nicht ganz falsch ist … In den Anfangsjahren wurde die Pyramide übrigens noch von akrobatisch talentierten Fensterputzen gereinigt – inzwischen übernehmen Roboter diese Aufgabe. Und bei mehr als zehn Millionen Besuchern jährlich ist die Pyramide inzwischen auch nicht mehr der einzige Eingang zum Louvre, aber ein wichtiges Wahrzeichen der Stadt geworden.

Ebenfalls eingeweiht wurden 1989 das zweite Haus der Pariser Oper, die Opéra Bastille, und diese Gebäude:

- Die Globenarena in Stockholm als das größte Gebäude der Welt mit einer sphärischen Form. Die Arena hat einen Durchmesser von 110 Metern und eine Höhe von 85 Metern. Sie fasst bis zu 16.000 Zuschauer.
- Das Hotel »The Mirage« in Las Vegas, zum Zeitpunkt seiner Eröffnung das teuerste Hotel- und Kasinoprojekt der Stadt. In dem Megaresort traten von 1990 bis 2003 die deutschen Magier Siegfried & Roy mit ihren Tigershows auf.

Der »Dresdner Hof« am Dresdner Neumarkt, das zweite Spitzenhotel auf Westniveau in der Stadt. Es gehört zur Interhotelkette und beinhaltet unter anderem eine eigene Fleischerei, Bäckerei, Wäscherei, Druckerei und eine eigene Werbeabteilung.

Computer für jedermann: der Intel-Chip 486

Wer 1989 einen Computer besaß, hatte im Regelfall entweder eine Firma und brauchte das Gerät zur Datenverarbeitung, oder er war ein Nerd, der sich gern mit der unkomfortablen Benutzeroberfläche herumärgerte und neue Anwendungen programmierte. Massentauglich waren Computer bisher nicht – häufig anzutreffen war immer noch das Betriebssystem MS-DOS und Windows nur eine grafische Oberfläche davon. Doch je mehr die Leistung der Computer stieg, desto besser und leichter zu bedienen waren die Programme, und desto attraktiver wurde ein PC auch für Privathaushalte: Erst 1985 war es mit der Einführung des Intel-Chips 386 möglich geworden, mehrere Programme gleichzeitig auszuführen – heute ein Standard, den man nicht weiter hinterfragt.

Mit dem 486 kehrte 1989 für damalige Verhältnisse der Turbo in die Rechner ein: Mit einem mathematischen Koprozessor ausgerüstet, konnten die Chips pro Prozessortakt nun ein bis zwei Befehle ausführen – der Vorgänger brauchte noch gut fünf Takte dafür! So viel Rechenleistung hatte natürlich ihren Preis. Wer den neuen High-End-Prozessor in seinem Computer eingebaut haben wollte, musste gut 2.500 bis 3.500 D-Mark (etwa 1.300 bis 1.800 Euro) ausgeben. Deshalb präsentierte Intel auch eine abgespeckte Version, die deutlich günstiger, aber langsamer war.

In seiner fünfjährigen Bauzeit legte der 486 immer mehr an Leistung zu: Aus den anfänglich 16 Megahertz wurden am Ende stolze 100 – damit konnte man sogar das 1998 erschienene Windows 98 ruckelfrei starten.

Mit so viel Leistung ausgestattet, wurde der Computer zum möglichen Allrounder: Kinder und Eltern konnten immer aufwendigere Spiele darauf spielen, und auch die Betriebssysteme verbesserten sich in zunehmendem Tempo: 1990 brachte Microsoft sein neues Windows 3.0

auf den Markt, das es erstmals in nur einer Version für alle Rechnerleistungen gab. Ein Jahr später kamen heute ganz alltägliche Funktionen wie eine Audiowiedergabe und ein CD-Player hinzu – das bedeutete den Durchbruch in Privathaushalten. Spätestens 1995 feierte der Heimcomputer seinen endgültigen Erfolg, ausgerüstet mit dem komfortablen Windows 95 und dem 1993 präsentierten Nachfolger des Pioniers 486: dem noch stärkeren Pentium-Prozessor.

Geburtstagskinder 1989

In diesem Jahr nahm die Welt Abschied von großen Persönlichkeiten wie dem spanischen Maler, Bildhauer und Schriftsteller Salvador Dalí, dessen wohl bekanntestes Werk das Bild mit den zerlaufenden Uhren ist. Auch der TV-Moderator Robert Lembke (»Was bin ich?«), der Stardirigent Herbert von Karajan, der Schriftsteller Samuel Beckett und die Hollywoodschauspielerin Bette Davis verabschiedeten sich für immer.

Andererseits wurden 1989 allein in Deutschland 880.459 Kinder geboren – ein durchschnittlicher Wert in den 1980er-Jahren, der nach der Wiedervereinigung kurz die 900.000er-Marke knackte und dann immer weiter fiel. Einige dieser Geburtstagskinder kennen wir:

- 26. Februar: Laura Wontorra, TV-Moderatorin
- 13. März: Holger Badstuber, deutscher Fußballer
- 21. März: Luke Mockridge, Schauspieler und Comedian
- 27. April: Lars und Sven Bender, deutsche Fußballspieler
- 5. Mai: Chris Brown, amerikanischer R&B-Sänger
- 23. Juli: Daniel Radcliffe, Schauspieler
- 24. Juli: Felix Loch, deutscher Rennrodler
- 1. September: Bill und Tom Kaulitz, Musiker
- 8. September: Avicii, schwedischer DJ und Musikproduzent (gest. 2018)
- 13. September: Thomas Müller, deutscher Fußballer
- 6. Oktober: Sophia Thomalla, TV-Schauspielerin
- 13. Dezember: Taylor Swift, Musikerin

Die Zukunft des Fernsehens beginnt

Fernsehen Ende der 1980er-Jahre – das bedeutete eine Auswahl aus nur wenigen Programmen und kleine, klobige Röhrenfernseher mit mittelmäßigem Bild. Immerhin gab es im Westen neben den öffentlich-rechtlichen Programmen schon RTL, SAT.1, Pro7 und Tele5, während im Osten des Landes offiziell nur DDR1 und DDR2 auf der Mattscheibe flimmerten. Immerhin: 94 Prozent der west- und 51 Prozent der ostdeutschen Haushalte besaßen ein Farb-TV-Gerät.

Auf der Internationalen Funkausstellung (IFA) in Westberlin wurden 1989 die ersten Weichen für Fernsehen mit hoher Auflösung gestellt. Kein Wunder – die Japaner hatten schon vorgelegt, die europäischen Unternehmen mussten dringend handeln. Doch über ein paar groß angelegte, von der EU geförderte Projekte kam man in den Folgejahren nicht hinaus. Erst mit der Digitalisierung des Fernsehens und dem Siegeszug der Flachbildfernseher wurden ab 2004 die ersten wirklich hochauflösenden Übertragungen massentauglich.

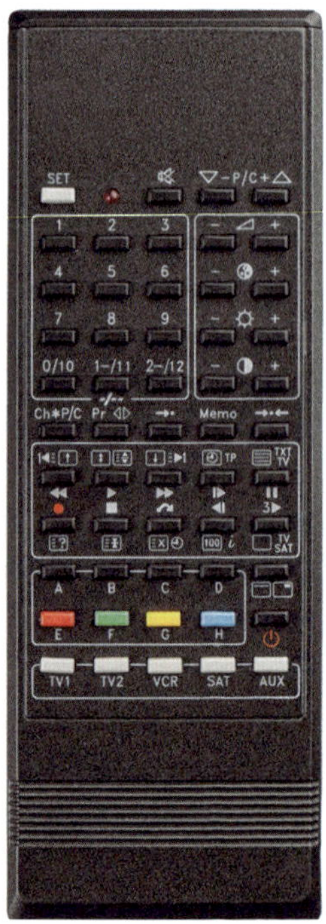

Schneller verbreiteten sich die TOP-Tasten, die ebenfalls auf der IFA vorgestellt wurden: Farbig markierte Knöpfe auf der Fernseher-Fernbedienung sollten dabei helfen, schnell durch den Videotext der Sender zu surfen. Eine Leiste am unteren Bildschirmrand zeigte an, mit welcher Farbe man welche Seite aufrufen konnte – in Zeiten ohne Internet ein komfortables Angebot, zumal jetzt auch die dritten Programme wie NDR und Saarländischer Rundfunk ein Videotextangebot präsentierten.

Da Smartphones noch undenkbar waren, wollte die Industrie das Fernsehen tragbar machen: Handliche Geräte fürs Picknick im Park oder Einbaugeräte, die in die Sitzlehnen von Luxuslimousinen passten, versprachen ständige Unterhaltung auch unterwegs. Großflächig durchgesetzt haben sie sich aber nie.

In der DDR gab es die ersten Videorekorder gegen Ostmark – vorher musste man die teuren Importe in den sogenannten Intershops für Westgeld kaufen. Ein Gerät des Herstellers Sanyo kostete 7.350 Ostmark – ein halbes durchschnittliches Jahreseinkommen in der DDR!

Da Videokameras als der letzte Schrei galten und viele Familienväter ihre Kinder auf Band festhalten wollten, gab es immer wieder Neuerungen: 1989 stellte Sony das Hi8-Videosystem vor, eine Variante des Video8-Systems mit besserer Qualität. Als Anfang der 2000er immer mehr digitale Videokameras aufkamen, verschwand das Format.

1

Das Handelsunternehmen coop wurde nach einem der größten Wirtschaftsskandale der Bundesrepublik zerschlagen. Der Konzern mit 50.000 Mitarbeitern war in den 1960ern und 1970ern aus mehreren Konsumgesellschaften entstanden. 1988 wurde bekannt, dass der Vorstand Bilanzen frisiert und Banken um mehr als zwei Milliarden D-Mark geprellt hatte. Besonders tragisch: Die Pensionsfonds der Mitarbeiter waren gegen fast wertlose Aktien eingetauscht worden, die Betriebsrenten waren verloren. Als das an die Öffentlichkeit gedrungen war, wurden Kredite gestrichen, das Unternehmen war zahlungsunfähig. Nur durch einen Vergleich mit den Gläubigern wurde 1989 der Konkurs abgewendet, der Vorstand wurde entlassen und später wegen Untreue, Bilanzfälschung und Betrugs angeklagt. Ein Gericht verurteilte den Vorstandsvorsitzenden Bernd Otto zu viereinhalb Jahren Gefängnis.

2

Die Daimler-Benz-Tochter DASA übernahm das Luft- und Raumfahrtunternehmen MBB – trotz Einwänden des Bundeskartellamts. Wirtschaftsminister Haussmann hatte den Zusammenschluss genehmigt, und es entstand ein gigantischer Konzern mit 80 Milliarden D-Mark Jahresumsatz. MBB wurde in die Daimler-Tochter DASA (einen der größten Rüstungsexporteure Deutschlands) integriert, im Jahr 2000 entstand daraus der europäische Luft- und Raumfahrtkonzern EADS – die European Aeronautic Defence and Space Company, heute Airbus Group.

3

Noch vor dem Mauerfall startete die Lufthansa ihre erste Fluglinienverbindung zwischen Ost und West: Am 10. August landete eine Boeing 737 aus Frankfurt in Leipzig/Halle. Zu diesem Zeitpunkt mussten die Flugzeuge allerdings noch einen Umweg über die Tschechoslowakei nehmen, denn Lufthansa-Maschinen durften die Grenze nicht direkt überfliegen. Das bedeutete: 700 Kilometer Umweg, 80 Minuten Flug – der erste richtige Direktflug kam erst Anfang 1990 zustande.

Die Jupitersonde Galileo

Gibt oder gab es weiteres Leben um die Erde herum? Die Jupitersonde Galileo hat nicht nur die Monde des größten Planeten unseres Sonnensystems erforscht, sondern auch Hinweise darauf gegeben, dass da draußen mehr ist, als wir uns vorstellen können.

Bis die Raumfähre »Atlantis« die Sonde am 18. Oktober 1989 im Orbit aussetzte, hatte es eine lange Vorbereitungszeit gebraucht: Schon die geplanten Starttermine 1982 und 1983 konnten nicht eingehalten werden, die Explosion der Raumfähre »Challenger« 1986 verzögerte die Mission noch weiter. Doch das deutsch-amerikanische Projekt schaffte es schließlich ins All, lieferte auf seiner langen Reise die ersten Multispektralaufnahmen der Mondrückseite und besuchte als Premiere in der Geschichte der Raumfahrt gleich zwei Asteroiden. Selbst technische Rückschläge wie Probleme mit der Hauptantenne ließen Galileo (benannt nach dem Entdecker der vier größten Jupitermonde, Galileo Galilei) nicht von der Mission abweichen. Im Juli 1994 wurde Galileo Zeuge vom Aufschlag des Kometen Shoemaker-Levy 9 auf der von der Erde abgewandten Seite des Jupiters, und mehr als ein Jahr später, am 7. Dezember 1995, erreichte die Sonde ihr Ziel und schickte eine Minisonde aus, die 90 Minuten lang aus der Atmosphäre des Planeten Daten lieferte.

Die aufregendsten Erkenntnisse sendete Galileo bei der Erforschung des Jupitermonds Europa: Die Bilder lassen auf einen Ozean unter seiner Eiskruste schließen – möglicherweise war dort Leben entstanden! Damit war allerdings auch das Todesurteil von Galileo unterschrieben: Der Treibstoff war aufgebraucht, die Wissenschaftler fürchteten einen Absturz über dem Mond Europa. Das hätte möglicherweise den Jupitermond kontaminieren können. Deshalb ließen sie Galileo 2003 nach 14 Jahren im All und fünf Milliarden Kilometern zurückgelegter Strecke nach einem gezielten Flugmanöver auf der Rückseite des Jupiters in Wolken aus Wasserstoff, Helium, Ammoniak und Methan verglühen.

Ein Unglück ungeahnten Ausmaßes

Es war eine der größten Umweltkatastrophen in der Geschichte der Seefahrt: Als am 24. März der Öltanker Exxon Valdez vor der Küste Alaskas auf ein Riff auflief, flossen 37.000 Tonnen Rohöl ins Meer. Sie verschmutzten eine Fläche von 1.300 Quadratkilometern und kosteten rund 30.000 Seevögeln und etlichen Säugetieren das Leben. Das Ökosystem Alaskas war nachhaltig geschädigt.

Wie kam es dazu? Das 300 Meter lange Schiff hatte gerade die Valdez-Engen durchquert, als der Kapitän den Kurs aufgrund einiger kleinerer Eisberge auf der Route ein wenig ändern ließ. Danach übergab er seinem dritten Maat das Kommando, der vollkommen übermüdet war. In einer Meerenge zwischen Busby Island und High Reef entstand ein Missverständnis zwischen dem Maat und dem gerade frisch abgelösten Steuermann, und noch bevor der Kapitän eingreifen konnte, war der knapp drei Jahre alte Stahlkoloss schon aufgelaufen und schlug Leck.

Als ob das nicht schon schlimm genug gewesen wäre, kam es bei der anschließenden Bergung und Säuberung immer wieder zu fatalen Pannen: Die Exxon Valdez war an einem abgelegenen Ort verunglückt, das Winterwetter machte die Anfahrt für die Rettungstrupps schwierig. Zu-

dem war das Schiff zur Schmutzbekämpfung zwei Tage lang betriebsunfähig, und infolge eines Sturms wurde noch das Flughafenterminal von Valdez beschädigt, sodass zusätzliche Helfer kaum zu der Unglücksstelle gelangen konnten – mit katastrophalen Folgen: Zwei Wochen nach dem Unfall hatte man nur 20 Prozent des ausgelaufenen Öls zurückgewinnen oder begrenzen können, ein Ölteppich von 115 Kilometern lag auf dem Wasser und verschmutzte die Küsten.

Vor Gericht wurde der alkoholsüchtige Kapitän später vom Vorwurf verbrecherischer Fahrlässigkeit freigesprochen und zu einer Geldstrafe von 50.000 Dollar verurteilt. Der Ölkonzern Exxon musste die volle Verantwortung sowie die Kosten für die Säuberungsaktion tragen, insgesamt waren es über zwei Milliarden Dollar. Die Regeln rund um die USA wurden nun verschärft: Nur noch Tanker mit doppelwandigem Bug dürfen amerikanische Häfen anlaufen und die Meerengen passieren.

Das Unglück bedeutete übrigens nicht das Ende für die Exxon Valdez: Sie wurde repariert, mehrfach umbenannt und war ihre letzten drei Jahre als Erzfrachter unterwegs, bis man sie 2012 außer Dienst stellte.

Das ZIP-File – kluge Erfindung, tragischer Erfinder

14. April 2000: Der 37 Jahre alte Phillip Katz wird tot auf einem Motelbett in Milwaukee aufgefunden. Todesursache: eine Blutung der Bauchspeicheldrüse, ausgelöst durch eine Alkoholvergiftung. Das frühe Ende eines Mannes, dessen Entwicklung immer noch bekannt ist: das ZIP-File.

Rückblick. Der Durchschnittscomputer im Jahr 1989: Für rund 1.995 D-Mark gab es ein Komplettset aus Rechner, Bildschirm und Maus. 12 Megahertz Rechenleistung, Floppy-Diskettenlaufwerk (pro Diskette maximal 1,2 Megabyte Speicher), Monochrom-Bildschirm und eine Festplatte mit 20 Megabyte inklusive. Wer mit größeren Dateien hantieren musste, stieß schnell an die Grenzen seiner Hardware.

Und hier kam Philipp Katz ins Spiel. 1984 beendete er sein Computerstudium, ein Jahr später begann er, das damals führende Datenkompressionsprogramm ARC zu verbessern. Sein Ziel: Daten sollten deutlich schneller und besser verpackt werden können, um sie verkleinert abzuspeichern und weiterzugeben. Das gelang Katz auch – doch er hatte nicht mit den Erfindern von ARC gerechnet. Diese konnten nachweisen, dass der Entwickler große Teile eins zu eins vom Original kopiert hatte. Katz hatte jedoch bereits so viel Geld mit seiner Software verdient, dass er sich nicht beeindrucken ließ und mit PKWare seine eigene Firma gründete. 1989 stellte er ein neues, eigenständiges Kompressionsprogramm vor: PKZip, dazu gab es das passende ZIP-Format. In diesen Dateien lassen sich viele einzelne Dateien wie in einem Container zusammenfassen, verpacken und weitergeben. Außerdem kann man die Dateien komprimieren, also schrumpfen. Die Verschlüsselung mit Passwort erlaubte es, Daten gesichert weiterzugeben, außerdem lässt sich die Datei auch in mehrere Teile und somit auf unterschiedliche Datenträger aufteilen. Nur wer alle hat, kann die Dateien wieder zusammensetzen.

Katz landete einen Volltreffer. Während sich PKZip wie ein Lauffeuer verbreitete, verschwand das Original von ARC in der Versenkung. Das ZIP-Format an sich erklärte Katz schon bald gemeinfrei, gleichzeitig verdiente er gutes Geld mit PKZip. Allerdings unterschätzte er den Erfolg von Windows, eine Version seines Programms für dieses Betriebssystem folgte erst 1996 – und da hatte sich die Software WinZip schon einen großen Teil des Kuchens gesichert.

Katz selbst konnte mit Erfolg und Druck nicht umgehen. Er verfiel der Alkoholsucht, verlor mehrfach die Fahrerlaubnis und lebte in Motels, um nicht von der Polizei gefunden werden zu können. Mit seinem tragischen Tod endete auch die Geschichte seiner Firma PKWare – sie wurde von Investoren aufgekauft.

Computerland DDR – Technik zum Überleben

Im Westen war das Jahr 1989 eines der richtungsweisenden in der Computertechnik und der Vernetzung – und im Osten? Da träumte Staatschef Erich Honecker immer noch davon, dass der Sozialismus mit seiner Innovationskraft überleben und Computerchips made in DDR den Ostblock versorgen würden.

Die DDR hatte seit den 1960er-Jahren mehrere Hundert Milliarden Ostmark in Mikroelektronik investiert, um mit der Konkurrenz aus dem Westen mithalten zu können. Denn seit 1949 durften keine westlichen Staaten wichtige Technologien in den Osten liefern; die noch weiter östlich liegenden Partner hatten nichts Vergleichbares anzubieten. Also musste man Dinge wie Computer eben selbst entwickeln und herstellen – mit viel Inspiration aus Westprodukten, die man analysierte und zu verbessern suchte. Auch wenn es wirtschaftlich wahnwitzig und ein kleines Land wie die DDR eigentlich nicht in der Lage war, auch nur annähernd mit der Konkurrenz mitzuhalten, entstand 1958 im damaligen Karl-Marx-Stadt (Chemnitz) die Marke Robotron, unter der Computer produziert wurden. 1966 wurde der zwei Meter hohe, acht Meter lange und 600 Kilogramm schwere Robotron 300 präsentiert, und bis zur Wende gab es rund 50.000 Computerarbeitsplätze in Sparkassen, Postfilialen und bei der Eisenbahngesellschaft, der Reichsbahn.

In Privathaushalten hingegen blieben Computer selten. Kein Wunder bei den Preisen: Der Standardcomputer PC1715, gebaut ab 1985, kostete anfänglich 19.047 Ostmark! Dabei hatte das Gerät nicht einmal eine Festplatte, sondern nur zwei Diskettenlaufwerke, deren Speichermedien auch noch extrem teuer waren. Immerhin: 20.000 Exemplare pro Jahr wurden in einem Werk in Sömmerda gebaut. Häufiger waren Geräte der »KC«-(Kleincomputer-)Reihe für 4.300 Ostmark – mit Magnetbandkassetten als Speichermedium. Wer Informationen suchte, musste an die richtige Stelle spulen, was ziemlich zeitaufwendig war.

Dafür schafften es diese Rechner aber in Schulen und Bildungseinrichtungen. Grundlagen der Computertechnik, Anwendungen mit Programmiersprache selbst schreiben – zwar war die Technik nicht ganz so modern wie im Westen, aber die Jugendlichen in der DDR hatten den BRD-Kindern eins voraus: Aus Mangel an Software musste man sich die Spiele in den ersten Jahren selbst programmieren, und Übung macht schließlich den Meister. Wer aber doch zu Hause einen Computer haben wollte, konnte sich den Robotron Z1013 für 650 Ostmark bestellen. Nach mehreren Monaten Wartezeit durfte man ihn selbst zusammenbauen und -löten. 25.000 Mal fanden sich zwischen 1985 und 1990 kundige Bastler, die auf dieses Projekt Lust hatten.

In Ferienheime und Jugendklubs zog ab 1985 beinahe amerikanisches Flair ein: der »Polyplay«, der einzige in der DDR hergestellte Videospielautomat (zehn Exemplare im Monat, 22.000 Ostmark Herstellungskosten, in erster Generation acht Spiele). Für 50 Pfennig konnte man bei »Hase und Wolf« ähnlich wie bei Pacman als Nager durch ein Labyrinth laufen und Essen stibitzen, ohne sich vom Wolf erwischen zu lassen, bei »Hirschjagd« auf sein Zielobjekt schießen oder einen »Wasserrohrbruch« durch rechtzeitiges Auffangen der Tropfen mit dem virtuellen Eimer abmildern, Autorennen fahren oder einen Ski-Abfahrtslauf absolvieren. Dazu blinkte und dudelte die Maschine aus Pressspan, sodass es sich fast anfühlte wie in einer Arcade-Halle in den USA.

Wie es aber am Ende wirklich um die Hoffnungen der DDR-Staatslenker auf eine große Aufholjagd stand, zeigte sich im Sommer 1989: Erich Honecker ließ sich ein Jahr nach dem ersten Funktionsmuster für einen Ein-Megabyte-Chip den ersten Hightechprozessor Marke Eigenbau präsentieren. Der 32-Bit-Prozessor hatte 1,5 Milliarden Ostmark Entwicklungskosten verschlungen und sollte wegen der immer noch bestehenden Embargos insbesondere an die sozialistischen Nachbarstaaten geliefert werden. Doch die Sowjetunion gab den Rüstungswettlauf plötzlich auf und brauchte die Technik nicht mehr, die Herstellungskosten lagen mit 500 Ostmark gut hundertmal so hoch wie bei der Konkurrenz. Der Mauerfall und die Einführung des 64-Bit-Prozessors ab 1991 sorgten für den endgültigen Todesstoß für die IT-Branche der DDR. Nach der Wende nutzten Westfirmen das Know-how der gut ausgebildeten Mitarbeiter und siedelten im Osten Deutschlands eigene Werke an.

Ausgelöffelt – der Traum vom essbaren Joghurtbecher

Die Idee von Erich Dolderer klingt eigentlich ziemlich gut: Wenn man morgens beim Frühstück seinen Joghurtbecher ausgelöffelt hat, steckt man ihn sich einfach in den Mund und isst ihn auf.

Der Schwabe hatte seinen Teil einer möglichen Antwort auf die Frage entwickelt, was man mit dem ganzen Plastikmüll machen sollte, der in den Haushalten anfiel: 1989 verzehrten allein die Westdeutschen rund vier Millionen Becher Joghurt. Zurück blieb das Gefäß aus Plastik, das nicht nur energieintensiv aus Rohöl hergestellt wurde, sondern auch noch Jahrhunderte brauchen wird, um zu verrotten.

Dolderers essbarer Becher bestand im Gegensatz dazu aus Mais- oder Weizenstärke, die kaum zusätzliche Kalorien brachte, aber geschmacksneutral war und in Kombination mit den Resten des Joghurts recht lecker schmecken sollte. Doch so gut die Theorie auch klang: Sie hatte mehrere Haken.

- Wie sollte die Innenbeschichtung des Bechers aussehen, damit nichts auslief, aber trotzdem alles essbar war? Dolderer setzte auf eine streng geheime, selbst entwickelte Formel, damit das Material nicht aufquellen konnte.

- Wie sollte es mit der Lebensmittelhygiene funktionieren? Schließlich werden normale Joghurtbecher von vielen Händen berührt, bevor sie im heimischen Kühlschrank landen. Dolderer ersann dafür eine Spezialpalette, aus der man den Becher hygienisch entnehmen könnte.

Der Deckel sollte ebenfalls aus Naturstärke und verrottbar sein, Lebensmittelfarben würden für die Beschriftung dienen.

Zwei Waffelfirmen hatten Dolderers Ideen schon abgelehnt, mit einem Partner in Österreich wollte er den Durchbruch schaffen. Doch der Transport der Becher war aufwendig, die Bruchgefahr hoch, und auch die Dichtigkeit der Becher schien nicht so sicher zu sein, wie Dolderer es gehofft hatte. Und noch ein Problem tauchte auf: Die Innenbeschichtung hinterließ beim Kauen ein pappiges Gefühl.

Bis heute hat es der essbare Joghurtbecher nicht in unsere Kühlschränke geschafft: Versuche mit Algen oder Milchsäuren erscheinen zwar vielversprechend, scheitern aber immer wieder an Details – zu groß sind die Anforderungen an Lebensmittelsicherheit und Hygiene.

Dolderer hatte jedoch erkannt, dass das Plastikproblem zu einem der wichtigsten Probleme der Menschheit gehören würde – nur leider war seine Lösung noch nicht die richtige.

Mac Portable – wozu soll man den tragen?

Schnell das Laptop zusammenklappen, in die Tasche schieben und raus aus dem Haus – Ende der 1980er-Jahre war das noch undenkbar. Und das nicht nur, weil man mit Computern noch verhältnismäßig wenig anstellen konnte. Die ersten ernsthaften Versuche, Computertechnik in ein tragbares Gehäuse zu packen, reichen zwar zurück ins Jahr 1982, doch erst vier Jahre später kam mit dem IBM PC Convertible das erste kommerziell erfolgreiche Gerät auf den Markt – mit 4,77 Megahertz Prozessortaktung, 256 Kilobyte Speicher und Druckeranschlüssen.

Auch bei Apple forschte man an tragbaren Möglichkeiten, 1989 wurde das Ergebnis präsentiert: der Macintosh Portable. Doch auch seine Besonderheiten, wie der Trackball (eine Art Maus), den man sowohl links als auch rechts von der Tastatur einbauen konnte, oder die Bleiakkus ohne Memory-Effekt und mit bis zu zehn Stunden Laufzeit, konnten die Kunden nicht locken.

Welchen Vorteil sollte das Gerät gegenüber anderen Mac-Produkten wie dem Macintosh Classic bieten können? Sein unvorstellbar hohes Gewicht von 7,2 Kilogramm machte den Macintosh Portable nur wenig handlicher als seine stationären Geschwister, und am Anfang gab es nicht einmal eine Hintergrundbeleuchtung für das Display! Dazu kam ein wahnwitziger Preis: 17.000 D-Mark verlangte Apple für das Gerät mit 16 Megahertz Rechenleistung. Zum Vergleich: Ein VW Golf II in Grundausstattung kostete im selben Jahr nur knapp 2.000 D-Mark mehr! Etwa zwei Jahre später nahm Apple den Macintosh Portable aus Mangel an Erfolg vom Markt – 1991 erschien schon das erste richtige Notebook namens PowerBook. Der Urahn des MacBook überzeugte mit so typischen Eigenschaften wie dem Bildschirm im Deckel und der Tastatur im unteren Bereich. Dank eines Gewichts von »nur« 2,3 Kilogramm und einem Startpreis von 2.300 US-Dollar wurde der zweite Versuch zum vollen Erfolg für Apple.

Trabant 1.1 – falsche Zeit, falsches Modell

Gehasst und geliebt: der Trabant. Der kleine Wagen mit knatterndem Zweitaktmotor war der Volkswagen des Ostens, machte bis zum Ende der DDR rund drei Millionen Bürger mobil und stand gleichzeitig für all das, was in den Augen vieler Menschen schiefging: jahre- oder jahrzehntelange Wartezeiten (1988 musste man 15 Jahre auf einen Neuwagen warten!), eine Karosserie aus einem Kunststoff namens Duroplast – Blech war Mangelware –, eine schlechte Ersatzteillage. Dafür konnte man den Kleinen dank simpler Technik leicht reparieren. Wer lange etwas von ihm haben wollte (und das musste man häufig), pflegte seinen Trabi umso sorgfältiger.

1989 feierte der Wagen seinen 41. Geburtstag. Im Oktober 1958 war der Ur-Trabant P50 (18 PS, 90 km/h, 6,8 Liter Verbrauch, Preis: 8.360 Ostmark) auf der Leipziger Messe vorgestellt worden, 1964 erweiterte der verlängerte P 601 (23, später 29 PS) das Angebot. Mehrmals versuchten die Konstrukteure, die Staatslenkung von einem neuen Modell zu überzeugen – vergeblich: keine finanziellen Mittel, keine Kapazitäten. Mitte der 1980er standen die Zeichen plötzlich auf Fortschritt: Von Volkswagen wurden die Lizenzen für einen Nachbau von 1,1- und 1,3-Liter-Viertaktmotoren gekauft, der Trabi sollte modern werden und sogar in den Export gehen! Aber es kam alles anders. Die Kosten explodierten, der Motor wurde teurer als gedacht. Für eine neue Karosserie war kein Geld übrig. Also stellte man 1989 den überarbeiteten Trabant 1.1 vor – mit 40-PS-Vierzylinder, verstärktem Vorderwagen, neuer Vorderachse und Scheibenbremsen. Optisch sollten neue Stoßstangen, eine Kunststoffmotorhaube, veränderte Rückleuchten und ein umgestalteter Kühlergrill vortäuschen, dass es sich um ein neues Auto handeln würde. Nach den ursprünglichen Plänen sollte der 1.1 noch bis 1994 parallel zum Vorgänger 601 gebaut werden und ihn danach ablösen, bevor 1996 ein ganz neues Modell erscheinen würde. Doch wieder kam alles anders: Als im Mai 1990 die Produktion startete, waren die innerdeutschen Grenzen schon offen – und kein Ostdeutscher wollte über 19.000

Ostmark (eine Preissteigerung von 6.000 Mark gegenüber dem Vorgänger) dafür ausgeben, einen aufgefrischten Oldtimer zu fahren, wenn er für gleiches Geld inzwischen einen gebrauchten Golf aus dem Westen bekommen konnte. Das Ende des Trabant war nicht mehr aufzuhalten: Der 1.1 wurde zum Ladenhüter, nur Polen und Ungarn nahmen noch einige Exemplare ab. 1991 endete die Produktion des Trabant – und damit auch das kurze Leben des 1.1.

Tu-204-100 – Westannäherung mit Flügeln

Am 2. Januar 1989 hob in der damaligen Sowjetunion erstmals ein Flugzeug zu Testflügen ab, das Westprodukten nicht nur Konkurrenz machen sollte, sondern auch deren Technik nutzen konnte: Die Tupolev 204-100 war so konzipiert, dass man auch Triebwerke aus westlicher Produktion (beispielsweise von Rolls-Royce) daran anbringen konnte. In der Planung war vorgesehen, dass der Mittelstreckenjet Platz für etwas mehr als 200 Passagiere bieten und eine Reichweite von bis zu 6.500 Kilometern aufweisen sollte.

Als Nachfolgerin der Tupolev Tu-154 (flog von 1972 bis 2010) hatte die Maschine neben einem Fly-by-Wire-System (keine mechanische Verbindung zwischen Steuer und Rudern, stattdessen Elektromotoren) ein

Glas-Cockpit mit sechs Farbbildschirmen, ein Head-up-Display, eine vollautomatische Landeeinrichtung und Tragflächen mit Winglets, die beim Spritsparen helfen sollten. So etwas hatten westliche Flugzeuge zu dieser Zeit teilweise noch nicht!

Doch bis die Tu-204 wirklich in Produktion ging, sollten noch sechs Jahre vergehen. Zunächst startete sie 1995 als 204-100 mit russischen Triebwerken von Solowjow, die Version mit Rolls-Royce-Triebwerken folgte erst 1998. Und im Vergleich zum Airbus A-320/321 hatte die Maschine aus russischer Produktion zwei entscheidende Nachteile: Ihr Leergewicht war mit 59 Tonnen enorm hoch, die Betriebskosten waren entsprechend unrentabel. Zum Vergleich: Ein 44,5 Meter langer Airbus A 321-200 hatte ein Einsatzleergewicht von knapp über 48 Tonnen. Zudem waren viele europäische Airlines aus wirtschaftlichen Gründen an Maschinen mit maximal 200 Sitzen interessiert – die 46 Meter lange Tupolev bot bis zu 210.

Um sie konkurrenzfähiger zu machen, bekam die Tu-204 Anfang der 2000er-Jahre eine Überarbeitung: geringeres Gewicht, sechs Meter kürzerer Rumpf, neue Triebwerke – so sollten unter der Bezeichnung Tu 204-300 die Betriebskosten sinken. Aufgrund teils schwieriger Ersatzteilversorgung und politischer Umstände griffen dennoch immer noch viele östliche Fluggesellschaften lieber auf die Konkurrenz aus dem Westen zurück – die Tupolev blieb aber ein Symbol für die Annäherung von Ost und West.

Die Gegenstände des Jahres: Hammer und Meißel

Wer in der DDR hätte sich Anfang 1989 denken können, dass einer der Hauptbestandteile des Staatswappens – der Hammer – am 9. November Gegenstand der Zersetzung der Republik werden würde und dass im Jahr der großen Fortschritte in der Computertechnik plötzlich ganz einfache Werkzeuge zu Symbolen der Ereignisse werden würden?

Als in der Nacht auf den 10. November alle Grenzübergänge in Berlin offen waren, kletterten Bürger aus Ost und West am Brandenburger Tor auf und über die Mauer, die seit dem 13. August 1961 das Land gespalten hatte. Auf der Westseite hörte man überall das Hämmern und Klopfen der – in Anlehnung an die Vogelgattung – sogenannten »Mauerspechte«: Sie bearbeiteten das brutale Bauwerk, schlugen überall Löcher hinein. Die regelmäßigen Durchsagen der Westberliner Polizei »Unterlassen Sie sofort das Mauerklopfen …« zeigten wenig Wirkung.

Die Motive der Mauerspechte waren unterschiedlich: Einige wollten der Mauer den Garaus machen, andere wollten ein privates Souvenir ergattern, wieder andere witterten das ganz große Geschäft und verkauften Teile der Mauer als Symbol der deutschen Einheit. Heute lässt sich häufig nicht mehr ermitteln, ob es sich wirklich um eines der Mauerstücke handelt: Viele wurden nachträglich eingefärbt oder stammen von ganz anderen Bauwerken.